Philipp Steffens

Bremerhaven und Cuxhaven

Ein Vergleich zweier Seestädte im Wandel

GRIN Verlag

Bibliografische Information der Deutschen Nationalbibliothek:

Die Deutsche Bibliothek verzeichnet diese Publikation in der Deutschen National-
bibliografie; detaillierte bibliografische Daten sind im Internet über http://dnb.d-
nb.de/ abrufbar.

Impressum:

Copyright © 2008 GRIN Verlag GmbH
Druck und Bindung: Books on Demand GmbH, Norderstedt Germany
ISBN: 978-3-640-13510-3

Dieses Buch bei GRIN:

http://www.grin.com/de/e-book/113487/bremerhaven-und-cuxhaven

Humboldt-Universität zu Berlin
Math.-Nat. Fakultät II
Geographisches Institut
Sommersemester 2007

Bremerhaven und Cuxhaven -

Ein Vergleich zweier Seestädte im Wandel

Bericht zur Station des zwölften Tages der Hauptexkursion 2007:

„Deutschland - Süd-Nord-Profil": Bremerhaven/Cuxhaven

Philipp Steffens
Studienfach: Geographie HF
10. Fachsemester

Berlin, 17. März 2008

Inhaltsverzeichnis

Einleitung 3

1. Historische Hintergründe 4

   1.1. Bremerhaven 4

   1.2. Cuxhaven 7

   1.3. Fazit 8

2. Die heutige Situation 9

   2.1. Bevölkerung 9

   2.2. Verkehr 10

   2.3. Wirtschaft 12

3. Gemeinsame Probleme und Interessen, Konkurrenz, Zusammenarbeit 16

4. Perspektiven und Zukunftsstrategien 19

5. Zusammenfassung 23

Anlage: Abbildungen 25

Literatur 30

Internetquellen 30

Einleitung

Im Verlauf der landeskundlichen Hauptexkursion durch Deutschland im Sommer 2007 wurden auch die Städte Bremerhaven und Cuxhaven an der deutschen Nordseeküste besichtigt. Im Vordergrund stand dabei die Überlegung, wie sich Seestädte mit traditionell maritimer Ausrichtung an die Auswirkungen des allgemeinen industriellen und sektoralen Wandels anpassen (können). Unter diesem Aspekt sollen die beiden Städte hier verglichen werden. Die vorliegende Arbeit basiert auf einem Referat, das im Seminar zu der Hauptexkursion gehalten wurde sowie auf Ausführungen vor Ort.

Auf den Internetseiten Bremerhavens ist zu lesen: „Bremerhaven wurde zur Großstadt, die durch Häfen und Schiffbau, Fischwirtschaft und Lebensmittelproduktion, Wissenschaft und Forschung, Kultur und Tourismus geprägt ist" (www.bremerhaven.de). Diese Eigenschaften ließen sich nun problemlos auch auf Cuxhaven übertragen, vielleicht mit einer anderen Gewichtung der Schwerpunkte. Allerdings entwickelte sich hier im Laufe der Zeit „nur" eine Mittelstadt. Der für diese Arbeit interessanteste Aspekt des Vergleichs ist daher die Konkurrenzsituation, die entsteht, wenn sich zwei Städte, die gerade einmal 42 km voneinander entfernt liegen, auf ähnliche, wenn nicht gleiche Schwerpunkte konzentrieren. Die Frage der Konkurrenz soll deshalb einen Schwerpunkt des Berichts darstellen (s. Kapitel 3).

Beide Städte (und damit auch deren Häfen) liegen an den Mündungen großer Flüsse, beide erfüllten und erfüllen teilweise noch heute die Funktion eines Vorhafens[1] (zu Bremen bzw. Hamburg). Daraus ergibt sich eine erste wichtige Gemeinsamkeit für die beiden Seestädte: Zwar sind Vorhäfen wichtige Einrichtungen für Ihre Mutterstädte; allerdings waren Hamburg und Bremen von Beginn an auch darauf bedacht, ihre Exklaven nicht zu Konkurrenzstandorten der eigenen Häfen werden zu lassen. Dem entgegen steht das dringende Bedürfnis der ‚Tochterstädte', sich wirtschaftlich weiterzuentwickeln und die Entwicklung auch auf Nicht-Hafen-Bereiche auszuweiten. Diese Bestrebungen wurden lange Zeit teils erheblich behindert. Die Frage ist nun, wie die beiden Seestädte damit umgingen und heute umgehen.

Zunächst sollen ein kurzer geschichtlicher Abriss sowie ein erster Vergleich der beiden Städte das Erbe verdeutlichen, das der heutigen Situation zugrunde liegt. Anschließend wird anhand ausgewählter Merkmale (Bevölkerung, Verkehr, Wirtschaft) die heutige Situation der beiden Städte verglichen. Dabei müssen Auswahl und vertiefende Betrachtung der Aspekte allerdings beschränkt bleiben, da sonst der Rahmen eines Exkursionsberichtes gesprengt würde.

---

[1] Definition eines Vorhafens: „Ein Vorhafen ist ein dem landeinwärts liegendem Haupthafen vorgelagerter Hafen, der zu dessen Verkehrs- und Wirtschaftsentlastung und Schutz dient!" (Lüssow 1936: 9)

1. Historische Hintergründe

1.1. Bremerhaven

Die Großstadt Bremerhaven mit ihren 115.629 Einwohnern (vgl. Stat. Landesamt Bremen 2007a, S. 3 Onlineversion) als solche ist - verglichen mit anderen deutschen Städten - noch sehr jung. Die Entwicklung zur heutigen „größte[n] Stadt an der deutschen Nordseeküste und Oberzentrum für die Region zwischen Elbe und Weser" (www.bremerhaven.de) erfolgte in relativ kurzer Zeit[2].

Bremerhaven wurde am 11. Januar 1827 von dem damaligen Bremer Bürgermeister Johann Smidt zwischen den Dörfern Geestendorf und Lehe an der Ostseite der Wesermündung in die Nordsee gegründet (Abbildung 1). Das dafür notwendige Gelände hatte die Stadt vorher vom Königreich Hannover abgekauft. Grund für die Anlage des Ortes war einzig die Errichtung des eingangs erwähnten Vorhafens für die Stadt Bremen, daher auch der Name Bremerhaven. Bremen hatte zu dieser Zeit stark mit der zunehmenden Versandung der Weser zu kämpfen, so dass Seeschiffe die Bremischen Häfen häufig nicht mehr ansteuern konnten. Die 60 km nördlich beginnende Trichtermündung des Flusses stellte dagegen eine seeschifftiefe Fahrrinne sicher. Trotz naturräumlich etwas ungünstiger - weil windexponierter - Lage entwickelte sich Bremerhaven schnell zu einem bedeutenden Passagier- und Güterumschlagplatz. Ausschlaggebend dafür war vor allem „die Massenauswanderung [nach Übersee], die wenige Jahre nach der Stadtgründung einsetzte. 1832 traten bereits über 10.000 Passagiere auf überfüllten Segelschiffen von Bremerhaven aus den Weg in eine ungewisse Zukunft an, um in der Neuen Welt ihr Glück zu versuchen. Ein Menschenstrom, der erst 140 Jahre später versiegen sollte" (www.bremerhaven.de). In seinem Buch über die „Geschichte der europäischen Auswanderung über die Bremischen Häfen" verdeutlicht der Historiker Arno Armgort die Ausmaße, die dieses Geschäft annahm: „Mehr als sieben Millionen Menschen sind in den letzten zwei Jahrhunderten über Bremen und Bremerhaven ausgewandert" (Armgort 1991: 9). Bremerhaven fiel vor allem die zentrale Rolle als Einschiffungsstation für die Passagiere zu[3]. Der Aufstieg Bremerhavens aufgrund des Auswanderergeschäftes ist dabei untrennbar mit dem Namen des „Norddeutschen Lloyd" verbunden. Diese Reederei, die 1857 als Aktiengesell-

---

[2] Zwar gibt es Besiedelungsspuren im Gebiet rund um die Wesermündung schon seit etwa zweitausend Jahren, doch handelte es sich dabei lange Zeit um einzelne kleine Ansiedlungen, die über einen dörflichen Charakter nicht hinauswuchsen. „Die älteste schriftliche Überlieferung reicht bis 1139 zurück; damals wurden die zum heutigen Stadtgebiet [Bremerhavens] gehörenden Kirchdörfer Geestendorf und Wulsdorf urkundlich genannt" (Bickelmann o.J.u.O.). Ähnliche Entwicklungen gelten für die Region des heutigen Cuxhaven. Die vorliegende Arbeit befasst sich aber nur mit der neueren Geschichte der beiden Städte.

[3] Den Rekord an Auswanderern hält das Jahr 1907 mit rund 243.000 Passagieren. „Bremerhaven war [damit] vor Hamburg zum bedeutendsten deutschen Auswandererhafen geworden und rangierte noch vor Le Havre" (Scheper 1977: 66).

schaft gegründet wurde, entwickelte sich durch die Überseeschifffahrt vor allem nach Nordamerika zur zeitweise größten Passagierreederei der Welt und prägte so die wirtschaftliche Entwicklung Bremerhavens maßgeblich. Ein Großteil der heute bestehenden Hafenbecken geht auf die damals rasant wachsenden Bedürfnisse des Lloyd zurück. Des Weiteren beschäftigte die Reederei Tausende von Arbeitern und Angestellten, wovon die Stadt ebenfalls profitierte[4]. Mit dem Bau des Schnelldampfers „Mainz" im Jahr 1897 begründete der Norddeutsche Lloyd auch den Beginn der überregionalen Bekanntheit Bremerhavens als Werftenstandort (vgl. ebd.: 63).

Die positive Entwicklung registrierte natürlich auch das damalige Königreich Hannover, das die Wirkung des Landverkaufs an Bremen offenbar unterschätzt hatte. Ab 1845 wurde daher mit der Gründung des Hafenortes Geestemünde in unmittelbarer Nachbarschaft zu Bremerhaven der Versuch unternommen, einen Konkurrenzhafen zu etablieren[5]. Die Eröffnung des eigentlichen Hafens fand jedoch erst 1863 statt (vgl. Scheper 1977: 64), und damit viel zu spät, um Bremerhaven ernsthaft zu gefährden. Trotzdem entwickelte sich Geestemünde mit der Zeit zu einem nicht unbedeutenden Hafenstandort, wodurch zum Beispiel die Grundlagen für den Ausbau zum heutigen Fischereihafen geschaffen wurden. Da sich Geestemünde als selbstständige Stadt jedoch nicht behaupten konnte, vereinigte sie sich im Oktober 1924 nach langen Kontroversen mit der nördlich von Bremerhaven liegenden Stadt Lehe. Das so entstandene Konstrukt wurde Wesermünde genannt und hatte nunmehr etwa 70.000 Einwohner. Dabei entstand die kuriose Situation, dass die bremische Stadt[6] Bremerhaven landseitig vollkommen von einer preußischen Stadt umgeben und damit quasi eingekesselt war. Diese schwierige Situation hatte mehr als 15 Jahre Bestand, bis sich Preußen 1939 auch noch Bremerhaven „einverleibte" und damit erstmals eine Großstadt (112.000 Einwohner) an der Unterweser etablierte. Die neu entstandene Bandstadt hieß weiterhin Wesermünde, allerdings blieben die Überseehäfen bremisches Gebiet. Davon profitierten auf lange Sicht jedoch weder Bremen noch Preußen und man kam schließlich zu der Erkenntnis, dass Stadt und Häfen zusammen gehören sollen[7]. Da Bremen seine Privilegien an den Überseehäfen natürlich nicht aufgeben wollte, wurde Wesermünde im Februar 1947 komplett an das Land Bremen abgegeben und aufgrund ideologischer (nationalsozialistischer) Belastungen des Namens kurze Zeit

---

[4] Rund 50 Jahre nach seiner Gründung beschäftigte der Lloyd etwa „15.000 Seeleute, 600 kaufmännische und 4.000 technische Angestellte - die Mehrzahl der letzteren beim technischen Betrieb in Bremerhaven - , außerdem 6.000 Dockarbeiter, Küper und Stauer" (Armgort 1991: 61)
[5] Zur Entwicklung des Hafens Geestemünde vgl. Janowitz, A. (2001): Der Geestemünder Handelshafen 1850-1930. In: Bickelmann, H. (Hrsg.) (2001): Bremerhavener Beiträge zur Stadtgeschichte III. Stadtarchiv Bremerhaven.
[6] Bremerhaven besitzt seit 1851 mit der ersten eigenen Verfassung Stadtrechte (vgl. Kellner-Stoll 1982: 170f.)
[7] Eine Stellungnahme des damaligen Oberbürgermeisters van Heukelum vom 11 Dezember 1946 an die amerikanische Militärregierung, die zu dieser Zeit Bremerhaven besetzt hatte, gipfelt in dem Satz: „Stadt und Häfen sind untrennbar" (Scheper 1977: 393).

später in Bremerhaven umbenannt. Als zweiter Teil des Stadtstaates Bremen besteht die Stadt bis heute in dieser Form. Weitere Eingemeindungen hat es seither nicht gegeben, da das Stadtgebiet wiederum komplett vom heutigen Land Niedersachsen umgeben ist, welches eine erneute Vergrößerung des Landes Bremen derzeit wohl nicht vorsieht.

Bremen seinerseits hat sich trotz der Selbstständigkeit Bremerhavens bislang nicht von seinem Überseehafenbereich als rechtlichem Eigentümer trennen können (und wollen), so dass bis heute ein stadtbremischer und ein stadtbremerhavener Hafenbereich parallel existieren.

Trotz immenser Kriegszerstörungen (Bremerhaven war ein bedeutender Marinestützpunkt) kamen der Wiederaufbau der Stadt nach dem Krieg und damit auch die wirtschaftliche Entwicklung relativ schnell in Gang. Bremerhaven knüpfte vor allem an seine Hochseedampfer- und Frachtgutumschlag-Kompetenzen an und so wurde Mitte der 60er Jahre bereits die 5-Millionen-Tonnen-Grenze im Gesamtumschlag der Bremerhavener Hafengruppe (vgl. Scheper 1977: Anh. 19) erreicht. 1968 begann daraufhin im Norden der Stadt der Bau des ersten großen Containerterminals, noch im gleichen Jahr verkehrten bereits Vollcontainerschiffe im Überseeverkehr (vgl. ebd.). Ebenso erlebte der Passagierverkehr auf Überseeverbindungen kurzzeitig eine neue Hochphase, z. B. mit einem regelmäßigen Liniendienst „Leningrad - Bremerhaven - Montreal" (ebd. Anh. 18) und natürlich der klassischen Verbindung New York - Bremerhaven, die nach dem Krieg noch einmal wiederbelebt wurde[8]. Allerdings waren diese Linien nun fast ausschließlich dem Freizeitverkehr gewidmet. Die Funktion Bremerhavens als Auswandererhafen war also, bedingt durch den wirtschaftlichen Aufschwung der Bundesrepublik und die immer populärer werdende Passagierluftfahrt trotz allem endgültig vorbei (vgl. Armgort 1991: 14). Die städtische Wirtschaft musste sich daher umorientieren und konzentriert sich seitdem vor allem auf den Güterumschlag. Einen ersten Höhepunkt dieser Entwicklung erlebte die Stadt 1971 mit der Inbetriebnahme des „Containerkreuz[es] Bremerhaven, [dem damals] größten Containerhafen der Bundesrepublik" (Scheper 1977: Anh. 19). Bis zur politischen Wende fungierte die Stadt außerdem als Hauptumschlaghafen für die Versorgung der in Deutschland stationierten amerikanischen Militäreinheiten sowie für Truppentransporte[9].

---

[8] Vor allem als 1953 die New Yorker „United States Line" einen regelmäßigen Linienverkehr einführte, erlebte die Stadt noch einmal für etwa zwei Jahrzehnte eine Glanzzeit. Denn die Reederei setzte auf dieser Linie mit der „United States" das damals größte, schnellste und luxuriöseste Dampfschiff der Welt ein. Der wirtschaftliche Effekt dieser Verbindung war für die Seestadt enorm. In einem zeitgenössischen Zeitungsartikel hieß es über die United States Line": „Ihre Reederei ließ an Hafengebühren und ihre Besatzungen an Heuergeldern Millionenbeträge in Bremerhaven" (Benscheidt 2000: 13).

[9] Auch diese Funktion entfiel allerdings mit dem Abzug der alliierten Truppen nach der Wende.

1.2. Cuxhaven

Die Historie dieser Seestadt mit ihren heute knapp 52.000 Einwohnern (vgl. Niedersächsisches Landesamt für Statistik 2007, Onlineversion) ist nicht viel älter als die Bremerhavens, da sie ebenfalls ein künstlich angelegtes Gebilde ist. Ursprünglich wurde Cuxhaven aufgrund verschiedener Empfehlungen im Jahr 1816 als Seebad gegründet. Das dafür notwendige Land lag im damaligen Amt Ritzebüttel, das wiederum zur Stadt Hamburg gehörte. Darauf folgte zunächst die rasche und erfolgreiche Entwicklung zu einem Kurbad[10], allerdings sollte Cuxhaven gleichzeitig die eingangs erwähnte Funktion eines Vorhafens für Hamburg erfüllen. Deshalb veröffentlichte der damalige Amtmann Ritzebüttels bereits „1818 den ersten genauen Grundriss des Hafens" (vgl. www.cuxhaven.de/cuxhaven_430.php). Ein intensiver Hafenausbau erfolgte allerdings erst viele Jahre später, gegen Ende des 19. Jahrhunderts[11].

Von bedeutender Wirkung war dabei vor allem der Bau des Amerika-Hafens sowie des so genannten Steubenhöfts (der mit 400 Metern Länge zeitweise weltgrößten Anlegestelle nebst Abfertigungshalle für Überseepassagierschiffe) zwischen 1912 und 1914. So wurde auch Cuxhaven zum Standort der Überseeschifffahrt und damit zu einer Konkurrenz für Bremerhaven. Impulsgebenden Charakter für die Entwicklung des Hafengeländes hatte die Ansiedlung verschiedener militärischer Marineeinheiten, welche umfangreiche infrastrukturelle Investitionen nach sich zogen (Abbildung 2). „Man kann durchaus sagen, dass Cuxhaven erst durch die Marine zu einer richtigen Stadt wurde" (http://www.cuxhaven.de/cuxhaven_18.php)[12]. Seit 1907 genießt Cuxhaven Stadtrechte, die ihr nach verschiedenen Eingemeindungen verliehen wurden. Überhaupt rekrutiert sich die für eine Mittelstadt riesig anmutende aktuelle Stadtfläche von etwa 162 km² größtenteils aus der Eingemeindung der umliegenden Dörfer und Gemeinden. So ergibt sich heute die kuriose Situation, mitten im offiziellen Stadtgebiet große Freiflächen und sogar Ackerbau und Viehzucht erleben zu können[13]. 1937 wurde die Gemeinde Cuxhaven preußisch und gleichzeitig unabhängig von Hamburg; Cuxhaven selbst wurde kreisfreie Stadt. Allerdings blieben „bis zum 1. Januar 1993 der Amerika-Hafen und das Steubenhöft hamburgisches Eigentum, obgleich sie zum Cuxhavener Stadtgebiet gehör-

---

[10] „1913 war Cuxhaven schon Deutschlands größtes Nordseebad. Mit 26.000 Kurgästen in einer Saison stand es damals weit an der Spitze aller Küstenbäder" (http://www.cuxhaven.de/cuxhaven_18.php).

[11] Wobei bereits seit 1569/70 ein hamburgischer Schutz- und Nothafen auf dem Gelände des heutigen Hafenareals bestand (vgl. Borrmann 1980: 3).

[12] Vor allem die deutschen Minensuchverbände waren in Cuxhaven stationiert. Heute ist die Stadt vollkommen entmilitarisiert, alle Einheiten wurden umverlegt oder abgewickelt (vgl. ebd.).

[13] Aus dieser Weitläufigkeit können durchaus auch Identifikationsprobleme entstehen. Borrmann (1980: 29) stellt fest, dass die Stadt eine großräumige „Streusiedlung" ist, deren „Ortsteile […] noch längere Zeit an einem Eigenleben hängen [werden]. […] Die planerische Zukunft wird den Raum für ein funktionsgerechtes Verkehrs- und Verwaltungszentrum bestimmen müssen, damit die Stadt einen Mittelpunkt, ein Herz bekommt" (ebd.).

ten[14]“ (ebd.). Nach Ende des zweiten Weltkriegs wurde das Gebiet Niedersächsisch und Cuxhaven verlor seine Freiheit. Die Stadt ist seither Kreisstadt des gleichnamigen Landkreises.

Die Hochphase der Passagierschifffahrt erlebte Cuxhaven ebenfalls im Zuge der industriellen Revolution in Deutschland, vor allem durch die Ansiedlung der Hamburgischen Reederei „Hapag“, die hier ab 1900 einen Liniendienst Cuxhaven - New York etablierte (vgl. Röhl 1995: 22). Aber auch hier beendete die Passagierbeförderung per Luft ab den 1950er Jahren diese Einnahmequelle. 1973 wurde der letzte Linienverkehr nach Amerika vom Steubenhöft eingestellt (vgl. Borrmann 1980: 22). Nachdem Cuxhaven an das Eisenbahnnetz nach Hamburg angeschlossen war, entwickelten sich vor allem der Fischfang und die Fisch verarbeitende Industrie der Stadt im großen Stil, besonders seit der Fertigstellung des Fischmarktes nebst zugehöriger Logistikeinrichtungen im Jahr 1908 (vgl. ebd.: 5). Mehrere Hafenbecken wurden dafür neu geschaffen. In der Folge wurde Cuxhaven zum bedeutendsten Fischereihafen Deutschlands. Der Handel stieg mit Ausnahme der Kriegszeiten[15] kontinuierlich an, bis zu einem Rekordumschlag von 155.000 t Fisch im Jahr 1955 (vgl. Röhl 1995: 23f.). Parallel erfolgte der Ausbau zum Stück- und Massengutumschlagplatz nebst zugehöriger logistischer Einrichtungen. Durch die vollständige Selbstständigkeit seit 1993 konnte das Land Niedersachsen den Amerikahafen noch deutlich ausbauen. Der Aufstieg des Kurbades zum staatlich anerkannten Heilbad bewirkte außerdem einen starken Anstieg der Touristenzahlen. „ Mit durchschnittlich 3 Millionen Übernachtungen und ca. 500.000 Tagesgästen im Jahr ist es [heute] ein sehr beliebtes Urlaubsziel in Deutschland“ (http://www.cuxhaven.de/cuxhaven_277.php).

1.3. Fazit

Die Entwicklung Cuxhavens erfolgte bis heute gewissermaßen als die eines kleinen Bruders Bremerhavens. Der Ausbau zur Seehafenstadt erfolgte nie in dem Ausmaß wie in der Weserstadt. Dieser Umstand ist der Tatsache geschuldet, dass Bremerhaven aus einer existenziellen Not heraus als reiner Güterumschlagplatz gegründet wurde, wohingegen Cuxhaven eher Zusatzfunktionen für den Haupthafen Hamburg erfüllen sollte. Dazu zählten auch Funktionen wie die Bekämpfung der Flusspiraterie im Mündungsbereich der Elbe oder die Ansiedlung eines Havariekommandos für Seeschiffe. Des Weiteren spielte in Cuxhaven von Anfang an der Fremdenverkehr eine zentrale Rolle für die Stadt, woraus sich traditionell eine Diversifizierung der Wirtschaft ergab. Dies schlägt sich selbst im heutigen Ortsbild nieder, da die ver-

---

[14] Auch dies ist wieder eine Parallele der beiden Städte, Bremerhaven hat das Dilemma bis heute nicht lösen können.

[15] Während der beiden Weltkriege wurden die Fischauktionen ausgesetzt. Darüber hinaus hat Cuxhaven aber beide Kriegsphasen relativ unbeschadet überstanden, die Kampfhandlungen in der Region konzentrierten sich hauptsächlich auf Wesermünde/Bremerhaven (vgl. Borrmann 1980: 19f.).

schiedenen Funktionen der Stadt (Passagierhafen, Frachtguthafen, Strand, Kurpark etc.) auch räumlich voneinander abgegrenzt sind. Auch eine Parallelstadtentwicklung, wie für Bremerhaven z. B. Geestemünde, hat in Cuxhaven nicht stattgefunden. Der größte Unterschied in der Entwicklung beider Städte ist jedoch die rechtliche Unabhängigkeit, die in Cuxhaven mit dem Groß-Hamburg-Gesetz begann und spätestens seit 1993 vollständig vollzogen ist und die in Bremerhaven bis heute auf sich warten lässt.

2. Die heutige Situation

Was für Spuren haben nun die letzten zweihundert Jahre mit ihrer vorwiegend industriezeitlichen Prägung im jeweiligen Stadtbild hinterlassen? Beide Städte kämpfen heute mit strukturellen und finanziellen Schwierigkeiten. Beispielsweise weist das Bundesland Bremen, wozu Bremerhaven ja gehört, bekanntermaßen die höchste pro Kopf-Verschuldung der ganzen Bundesrepublik auf. Im Folgenden soll auf ausgewählte Aspekte der aktuellen Situation genauer eingegangen werden.

2.1. Bevölkerung

Eines der größten Potenziale aller Städte ist ihre Einwohnerschaft. Einwohner prägen die Identität von Städten und bringen Geld in die Stadtkassen (sofern sie nicht etwa arbeitslos sind). Nur durch eine angemessene Bevölkerungszahl können Infrastrukturprojekte finanziert und auch gerechtfertigt werden. Ebenso kann die Nutzung vorhandener Einrichtungen nur durch eine ausreichende Zahl von Bewohnern sichergestellt werden. Dabei ist es von erheblicher Bedeutung, wer genau in einer Stadt wohnt. Hier spielen vor allem das Alter und der Bildungsgrad eine entscheidende Rolle.

Bremerhaven *verliert* seit langem kontinuierlich Einwohner. Und auch laut der neuesten Ausgabe der statistischen Berichte des Landes Bremen vom Oktober 2007 ist dieser Trend ungebrochen. Dabei setzt sich der Verlust von 416 Personen im ersten Halbjahr 2007 (vgl. Stat. Landesamt Bremen 2007a, S. 3 Onlineversion) sowohl aus höheren Sterbe- als Geburtenziffern als auch aus einem negativen Wanderungssaldo zusammen. Parallel dazu wird die Einwohnerschaft immer stärker vom demographischen Phänomen der Überalterung geprägt, die momentan in der gesamten westeuropäischen Welt festzustellen ist: Es gibt in Bremerhaven inzwischen deutlich mehr Menschen, die über 65 Jahre alt sind, als Kinder und Jugendliche unter 18 Jahren. So standen im Jahr 2006 im Mittel 24.783 über 65-Jährigen nur noch 19.937 Unter-18-jährige gegenüber (vgl. Stat Landesamt Bremen 2007b, S. 5 Onlineversion). Die Situation hat sich im Jahr 2007 durch eine erhöhte Anzahl von Zuzügen (vgl. ebd.) zwar leicht entspannt; eine Trendwende lässt sich daraus aber noch nicht ableiten.

Noch drastischer stellt sich die Situation in Cuxhaven dar. Auch diese Stadt erlebt seit langem einen Bevölkerungsrückgang, allein in den letzten zehn Jahren um etwa 3.000 Personen (vgl. Niedersächsisches Landesamt für Statistik 2007). Aufgrund des teils ländlichen Stadtcharakters spielt hier die Abwanderung ins Umland nicht die entscheidende Rolle. Vielmehr haben Recherchen der Bertelsmann Stiftung im Rahmen einer Demographie-Untersuchung[16] ergeben, „dass die Alterung der Stadtbevölkerung der Entwicklung in der Bundesrepublik bereits heute um eine Generation voraus ist" (Bertelsmann Stiftung 2006). Die politischen Verantwortungsträger haben inzwischen entschieden, „die Stadtentwicklung auf eine rückläufige Einwohnerzahl auszurichten und die in der Schrumpfung begründeten Chancen im Sinne einer Qualitätsverbesserung für die Stadt zu nutzen. Gleichzeitig [wurde] die Erstellung eines integrierten Stadtentwicklungskonzeptes beschlossen, um darauf aufbauend den notwendigen Stadtumbau organisieren zu können" (Bertelsmann-Stiftung 2006a: 2).

Die Alterung resp. Schrumpfung scheint daher für Cuxhaven eine der größten Herausforderungen zu sein, denn eine generelle Ausrichtung hin auf ein altersgerechtes Stadtbild erfordert sehr große finanzielle Anstrengungen, da sie alle Lebensbereiche betrifft. Hinzu kommt, dass durch fehlende Kinder die entsprechenden Betreuungseinrichtungen nicht mehr ausgelastet und damit immer schwerer finanzierbar werden. Dies gilt auch für den öffentlichen Nahverkehr. Einen finanziellen Ausgleich könnte die erhöhte Kaufkraft wohlhabender Senioren darstellen, die sich aus der Funktion der Stadt als Kurbad und damit verbundenem Gesundheitstourismus bzw. Alterszuzug ergeben (Abbildung 3a-c).

Der bislang größte Erfolg muss daher schon in der Anerkennung der Fakten und dem offensiven Umgang mit dem Problem der Alterung gesehen werden. Dazu gehört zum Beispiel auch die Vereinbarung, ein „komplexes Maßnahmenpaket für Familienfreundlichkeit" (ebd.: 3) zu erarbeiten. Denn aus solchen Erkenntnissen können auch neue Potenziale abgeleitet werden. Wie das Bremer Institut für Arbeit und Wirtschaft feststellt, sind für Cuxhaven „nicht nur materielle Investitionen von Bedeutung. Vielleicht sogar noch wichtiger ist die Veränderung von Denk- und Handlungsstrukturen, um die Chancen veränderter Marktbedingungen zu erkennen und zu nutzen" (IAW 2006: 53).

2.2. Verkehr

Besonders Bremerhaven ist eine bedeutende Einpendlerstadt in der Region. Laut einer Untersuchung im Auftrag des Magistrats der Stadt Bremerhaven vom Dezember 2006 wohnen „von

---

[16] Die Bertelsmann Stiftung mit Sitz in Gütersloh initiierte im Jahr 2003 das sog. Leitprojekt „Aktion Demographischer Wandel", in welchem das Thema der Alterung in Deutschland offensiv thematisiert wird. An dem Projekt beteiligen sich zahlreiche Kommunen mit konkreten Vorschlägen, wie dem Problem des demographischen Wandels konstruktiv und positiv begegnet werden kann. Informationen darüber sind unter http://www.bertelsmann-stiftung.de/cps/rde/xchg/bst/hs.xsl/prj_73032_73041.htm nachzulesen.

den 41.700 sozialversicherungspflichtig Beschäftigten mit Arbeitsort in Bremerhaven [...] 19.100 nicht in der Stadt; damit liegt die Einpendlerquote bei 46 %" (BAW 2006: 15). Eine gute verkehrstechnische Infrastruktur ist für Bremerhaven also von hoher Bedeutung.

Über die Straße sind beide Städte daher gut vernetzt. Die BAB 27 führt von Bremen über Bremerhaven bis Cuxhaven, parallel verläuft die B6. Darüber hinaus wird außerdem die so genannte Küstenautobahn A22 verlangt und angestrebt, um eine bessere Anbindung der Region an das Hinterland vor allem in Richtung Hamburg zu erreichen. Diese Autobahn befindet sich derzeit in Planung, wird aber aus finanziellen Gründen mittelfristig wohl nicht realisiert werden können, da hier mehrere Ingenieursbauwerke (Untertunnelung der Elbe etc.) vonnöten sind.

Der aus dem Pendlerverhalten ebenfalls resultierende Bedarf an öffentlichem Nahverkehr wird dagegen schlechter bedient. Zwar existiert zwischen Cuxhaven und Bremerhaven bereits seit 1896 eine Bahnverbindung (vgl. Borrmann 1980: 7). Allerdings verläuft die Strecke bis heute überwiegend eingleisig, und über eine stündlich verkehrende Regionalbahn geht das Angebot nicht hinaus. Auch die Anbindung an das Hinterland ist nicht besser; Bremerhaven ist heute eine der wenigen deutschen Großstädte, die weder einen IC- noch einen ICE-Anschluss besitzen, denn dieser wurde 2001 eingestellt. Von Cuxhaven kann im Zusammenhang mit Fernbahnverbindungen erst gar keine Rede sein.

In Bremerhaven gab es bis 1982 ein gut ausgebautes Straßenbahnsystem, dieses wurde jedoch stillgelegt und in einen Busverkehr umgewandelt[17]. Bestrebungen, die Straßenbahn wieder einzuführen, scheitern bislang an diversen Widerständen, da weder über Trassenverlauf noch Finanzierung Einigkeit besteht. So fahren heute im Stadtverkehr in beiden Städten ausschließlich Busse. Sie erwecken deshalb zunächst den Eindruck, das längst veraltete Leitbild einer ‚autogerechten Stadt' aufrechterhalten zu wollen bzw. zu müssen. Bremerhaven hat zwar mit der „Bürgermeister-Smidt-Straße" die zentrale Einkaufsmeile vom Autoverkehr befreit, es fahren dort aber auch keinerlei öffentliche Verkehrsmittel und die bis zu sechsspurig ausgebaute Hauptverbindungsachse Columbusstraße verläuft größtenteils ohne bzw. nur mit extrem schmalen Rad- und Fußwegen. Eine Bus-Spur gibt es nur in eine Richtung. Cuxhaven *kann* aufgrund seines ausgedehnten Stadtgebietes den Ansatz der ‚Stadt der kurzen Wege' gar nicht verfolgen, die Stadt setzt daher weiter auf Busse und den motorisierten Individualverkehr (MIV)[18]. Allerdings sieht das neue Stadtentwicklungskonzept vor, „perforierte Stadtstrukturen" möglichst zu vermeiden (vgl. Bertelsmann-Stiftung 2006a: 5). Zukünftig soll eine „quali-

---

[17] Im Bremerhavener Stadtgebiet sind heute 75 Busse auf 14 Linien im Einsatz, die 2006 immerhin gut 13 Mio. Personen beförderten (vgl. http://www.bremerhavenbus.de/sixcms/list.php?page=statistik).

[18] Dabei kann Cuxhaven nicht einmal auf ein eigenes Bus-Angebot zurückgreifen, die Stadt wird durch den regionalen Verkehrsverbund VNO (Verkehrsgesellschaft Nord-Ost Niedersachsen mbH) bedient.

tative Aufwertung und Stützung innerer Stadtquartiere und die Sicherung ihrer Funktionsfä-higkeit (Nahversorgung, Infrastruktur)" (ebd.) angestrebt werden.

Allerdings werden hier bereits die Folgen des Einwohnerrückgangs sichtbar; die geringe An-zahl potenzieller Nutzer rechtfertigt offenbar nicht die nötigen Investitionen in öffentliche Verkehrsinfrastrukturen.

2.3. Wirtschaft

Rein zahlenmäßig betrachtet stellt sich die wirtschaftliche Situation für viele Bewohner nicht besonders gut dar. „Bremerhaven hat unter den Städten der „Metropolregion Bremen / Olden-burg im Nordwesten"[19] nach Delmenhorst die geringste Wirtschaftskraft und ebenso den nied-rigsten Erwerbstätigenbesatz. So liegt das Bruttoinlandsprodukt (BIP) je Einwohner in Bre-merhaven bei 28.300 EUR und somit rund 5.600 EUR niedriger als der Durchschnitt und während in den Städten der Metropolregion durchschnittlich 566 Erwerbstätige auf 1.000 Ein-wohner kommen, sind es in Bremerhaven 506" (BAW 2006: 2). Daraus resultiert auch sogleich eine hohe Zahl von Personen, die von Transferzahlungen abhängig sind. „Ende 2004 betrug der Anteil der Sozialhilfeempfänger an der Bevölkerung in Bremerhaven 12,1 %, dies [ist] mehr als das Dreifache des Bundesdurchschnitts, der 3,5 % beträgt" (ebd.: 7). Die Ar-beitslosenquote der Stadt lag 2005 bei über 15 %, davon waren weit mehr als ein Drittel Langzeitarbeitslose (vgl. Bundesagentur für Arbeit, Agenturbezirk Bremerhaven)[20]. Diese Werte sind zwar seitdem rückläufig, trotzdem registrierte die Arbeitsagentur für Arbeit auch im November 2007 noch eine Quote von 12,2 %; sie liegt damit noch über der Cuxhavens[21]. Denn dort waren im November 2007 2.712 Personen arbeitslos gemeldet, das entspricht einer Quote von 11,1% (vgl. ebd., Agenturbezirk Stade). Die Stadt weist damit aber momentan die höchste Arbeitslosigkeit ihres zuständigen Agenturbezirks auf. Im November vermeldete Cuxhaven als einzige Geschäftsstelle des Bezirks einen Anstieg der Arbeitslosenzahlen (vgl. ebd.).

Problematisch in beiden Städten ist auch, dass offenbar nur wenige hochwertige Arbeitsplätze zur Verfügung stehen. Die Bertelsmann Stiftung berechnete nach Daten der Bundesagentur für Arbeit, dass der Anteil hoch qualifizierter Beschäftigter in Bremerhaven nur etwa 6,5 %

---

[19] Ausführliche Angaben zur Metropolregion s. Kap. 3
[20] Zur Arbeitslosigkeit in Bremerhaven gibt es unterschiedliche Angaben. Die BAW-Studie spricht sogar von 22,4 % (im Juni 2006). Demnach war die Arbeitslosenquote zu diesem Zeitpunkt fast doppelt so hoch, wie die Deutschlands (11,8 %) (vgl. BAW 2006: 5f.). Auch Statistiken der Landesämter geben teilweise Werte über 20 % an. Überdurchschnittlich hoch ist sie in jedem Fall.
[21] und vor allem weit über dem bekannten aktuellen Bundesdurchschnitt von etwa neun Prozent.

beträgt (vgl. Bertelsmann Stiftung 2006, Wegweiser demographischer Wandel), in Cuxhaven sind es sogar nur knapp 5 %[22].

Diesen zunächst ernüchternden Fakten stehen andererseits jedoch beeindruckende Leistungen gegenüber, die durchaus den Eindruck vermitteln, die Städte würden wirtschaftlich florieren. Dies gilt insbesondere für Bremerhaven. Die Stadt investiert derzeit an verschiedenen „Fronten" immense Summen[23] und möchte damit ihre Fähigkeit beweisen, die historisch doch eher begrenzte wirtschaftliche Ausrichtung zu diversifizieren. Die Wirtschaftsstruktur konzentriert sich demnach heute auf mehrere Themenschwerpunkte: „Hafenwirtschaft und Logistik, Fisch- und Lebensmittelwirtschaft, Lebensmitteltechnologie, Blaue Biotechnologie und Aquakultur, Maritime Technologien und Meereswirtschaft, Erneuerbare Energien, insbesondere im Bereich Offshore Windkraft, Querschnittstechnologien, wie die Informations- und Kommunikationstechnologie, Maritime Wissenschaft u.a. mit dem Schwerpunkt Meeres- und Klimaforschung[24] [sowie] Städtetourismus mit maritimen Profil" (www.bremerhaven.de). Sie kann also inzwischen durchaus als vielseitig bezeichnet werden, wobei die umfangreichste Neuorientierung wohl das Segment der erneuerbaren Energien beschreibt. Dazu wird eigens das komplette Industriegebiet Luneort im Süden der Stadt neu hergerichtet und zusammen mit dem Ausbau des „Labradorhafens" ein Produktions- und Logistikstandort für Offshore-Windenergie-Anlagen und deren Komponenten zur Verfügung gestellt (Abbildung 4). Dazu gehört auch der Anschluss an den Regionalflughafen, der sich in direkter Nachbarschaft dieser Anlagen befindet.

Im Bereich Hafeninfrastruktur wird bereits stolz auf einige (finanzielle) Rekorde verwiesen. Ein prestigeträchtiges Projekt ist v. a. der Ausbau des Containerumschlaghafens mit dem neuen Terminal IV (CT IV), der 2008 in Betrieb gehen soll. Nach dessen Fertigstellung „verfügt die Region über Infrastrukturen, deren räumliche Ausdehnung mit der des Hafens Rotterdam vergleichbar ist und die allen Anforderungen des maritimen Umschlags in den folgenden zehn bis 20 Jahren gerecht werden können" (BAW 2006: 13f.)[25]. Die Erweiterung wurde nötig, da die bestehenden Terminals mit einem Umschlag von mehr als 3,5 Millionen Standardcontainern (TEU) jährlich (vgl. www.bremenports.de) vollkommen ausgelastet sind. Bereits heute „befinden sich in Bremerhaven der wichtigste Seefischhafen Westdeutschlands sowie der

---

[22] zum Vergleich: in Berlin ist dieser Anteil demnach mehr als doppelt so hoch (vgl. ebd.).

[23] Mit einer Investitionssumme von 233 Millionen € wird z. B. der Ausbau der Kaiserschleuse als das derzeit größte Projekt dieser Art in Europa bezeichnet (vgl. www.bremenports.de).

[24] Hier ist besonders das in Bremerhaven ansässige Alfred Wegener Institut für Polar- und Meeresforschung, Forschungszentrum der Helmholtz-Gemeinschaft (AWI) zu nennen. Dieses „erforscht seit mehr als 25 Jahren die Zusammenhänge des weltweiten Klimas und der speziellen Ökosysteme im Meer und an Land" (www.awi.de).

[25] Momentan steht die letzte Stufe der Erweiterung des CT IV kurz vor der Fertigstellung. Mit Hilfe eines Investitionsvolumens von über 500 Millionen Euro wird hier die längste Stromkaje der Welt geschaffen, auf der bei voller Auslastung bis zu sechs Millionen TEU jährlich umgeschlagen werden können (vgl. www.bremenports.de).

führende Kreuzfahrthafen an der deutschen Nordseeküste" (BAW 2006: 18)[26]. Daraus ergibt sich in diesen Bereichen allerdings wieder eine direkte Konkurrenz zur Wirtschaft Cuxhavens (vgl. Kap. 1.2).

Die Informations- und Kommunikationsbranche soll sich in Bremerhaven Mitte bzw. nördlich davon konzentrieren. Dies „wird durch das Technologiezentrum t.i.m.e.Port begünstigt" (BAW 2006: 17), das dort momentan entsteht. Dazu gehört auch die derzeitige Errichtung weiterer umfangreicher Büroneubauten in unmittelbarer Nähe des Zentrums. Allein im neuen so genannten Europacenter stehen ab Sommer 2008 etwa 12.000 m² neue Büroflächen zur Verfügung.

Ein weiteres Großprojekt, dass sich derzeit in der Hochphase der Umsetzung befindet, ist der Umbau des Alten und Neuen Hafens zu den sog. „Hafenwelten Bremerhaven" und damit die Umnutzung eines ehemaligen Fischereihafens in ein Tourismuszentrum. Auf dem Gelände zwischen Stadtzentrum und Weserdeich werden bis zum Frühjahr 2009 ein futuristisch aussehendes Hotel, welches dann das höchste Haus Bremerhavens sein wird, ein Shoppingcenter mit Gastronomie im mediterranen Stil („Mediterraneo"), sowie das so genannte „Klimahaus 8° Ost"[27] – eine Mischung aus Erlebnispark und Wissenschaftszentrum - errichtet (Abbildung 5). Dies geschieht überwiegend durch private Investoren aus ganz Deutschland. Zusammen mit den bereits bestehenden, teils schon heute berühmten Einrichtungen wie „Zoo am Meer", „Deutsches Schifffahrtsmuseum" und „Deutsches Auswandererhaus" (Europäisches Museum des Jahres 2007) entsteht somit ein Ensemble maritim ausgerichteter touristischer ‚Highlights', welches ab 2009 „fast eine Million zusätzliche Touristen" (www.bremerhaven.de) nach Bremerhaven locken soll, die „dann unsere Seestadt neu und von ihrer spektakulärsten Seite entdecken" (ebd.) werden[28]. So weit die Hoffnung.

Auf diese Weise erhöht sich Bremerhavens Abhängigkeit von auswärtigen/ ausländischen Touristen weiterhin. Zu allem Überfluss droht nun auch noch eine Konkurrenz aus Stralsund, denn mit dem so genannten „Ozeaneum" errichtet die Stadt momentan einen touristischen Anziehungspunkt, der dem Projekt Bremerhavens sehr ähnelt (Verknüpfung von Wissenschaft und Unterhaltung) und etwa zeitgleich in Betrieb gehen soll. Es bleibt zu hoffen, dass

---

[26] Seit 1990 hat sich die Anzahl der Kreuzfahrtpassagiere fast verdoppelt, auf etwa 70.000 im Jahr 2006 (vgl. www.bremenports.de)

[27] Nettoinvestitionssumme für „Mediterraneo" und „Klimahaus": 110 Millionen Euro (vgl. http://www.bis-bremerhaven.de/sixcms/media.php/748/BIS_aktuell_07.8_net.pdf).

[28] Auch das BAW (2006: 17) ist der Meinung, dass „die Tourismus- und Kulturwirtschaft [...] durch die geplanten bzw. bereits umgesetzten Maßnahmen im Bereich Alter/Neuer Hafen eine erhöhte Bedeutung erlangen [wird]".

die Entfernung zwischen diesen Städten groß genug ist, um sich nicht gegenseitig die Touristen streitig zu machen.[29]

Es stellt sich außerdem die Frage, wann sich das Projekt „Hafenwelten" angesichts der im-
mensen Kosten amortisiert und wie viele (dauerhafte) Arbeitsplätze dort tatsächlich entstehen
werden. Immerhin investieren Stadt und Land etwa 263 Millionen Euro (vgl. http://www.bis-
bremerhaven.de/sixcms/media.php/748/broschuere_expo_real_web.pdf) an Infrastrukturkos-
ten in das Projekt. Angaben über mögliche neue Arbeitsplätze sucht man auf den Internetseiten der beteiligten Entwicklungsgesellschaften jedoch vergeblich.

Auch Cuxhaven kann teilweise gute Bilanzen vorweisen auch wenn die Entwicklung hier
nicht ganz so euphorisch vermarktet wird wie in Bremerhaven. Es wird ebenfalls versucht, ein
vielfältiges Branchenangebot zu etablieren[30], welches jedoch nach wie vor fast ausschließlich
maritim orientiert ist. Die ehemals drei Säulen Seebad, Garnison und Fischmarkt haben sich
nun etwas gewandelt und werden heute mit den Schlagworten „Urlaubsort, Hafenstadt, Nord-
seeheilbad" (www.cuxhaven.de, Startseite) umschrieben. Die hafengebundene Industrie mit
Fischfang, Fischverarbeitung, Hafenumschlag (PKW-, Container- und Schüttgutumschlag[31]),
Passagierfähren/Linienverkehre, Kreuzfahrtverkehre und Werften spielt daher unverändert
eine zentrale Rolle im Wirtschaftsgeschehen (Abbildung 6).

Cuxhaven ist der zweitgrößte Fischereihafen und größte Standort der Fisch verarbeitenden
Industrie Deutschlands (vgl. http://www.afw-cuxhaven.de/content/view/52/72/lang,de/). Laut
Agentur für Wirtschaftsförderung hat die Fischwirtschaft für Cuxhaven „größte wirtschaftliche Bedeutung. Sie bildet nicht nur einen der wichtigsten Arbeitgeber, sondern auch einen
Wirtschaftsbereich, in dem die Stadt ausgeprägtes Kompetenzprofil aufweist"
(http://www.afw-cuxhaven.de/content/view/9/11/lang,de/). Dazu zählen vor allem Umschlag,
Verarbeitung, Lagerung und Transport. „Der gesamte wasserseitige Umschlag im Hafen Cuxhavens hat sich von ca. 1,69 Mio. t im Jahr 1998 auf ca. 2 Mio. t im Jahr 2005 erhöht"
(http://www.afw-cuxhaven.de/content/view/52/72/lang,de/).

Im Bereich der Tier- u. Humanmedizin will sich die Stadt mit Forschung/ Bildung und
Dienstleistungen und der Biotechnologie etablieren, z. B. mit dem „BioCenterCuxhaven"
(BCC) oder dem „Veterinärinstitut für Fische und Fischwaren". Für die höhere Ausbildung
gibt es die „Staatliche Seefahrtschule Cuxhaven". Mit der Verlegung des Instituts für Fische-

---

[29] Für weitere Informationen über das Stralsunder Projekt, an dem sich auch die Umweltorganisation Greenpeace
beteiligt, siehe deren Homepage: www.ozeaneum.de
[30] Denn in einer Studie des Instituts für Arbeit und Wirtschaft wird Cuxhaven dringend empfohlen „am Standort
vorhandene Kompetenzen zur Förderung [mehrerer] Wirtschaftsbereiche [zu erschließen.], um die Wirtschaftsstruktur aus der starken Abhängigkeit von der Fisch verarbeitenden Industrie zu lösen und neue Beschäftigungs-
felder zu erschließen" (IAW 2006: 37).
[31] Allerdings ist der Umschlag von Massengütern in den letzten Jahren rückläufig.

reiökologie der Bundesanstalt für Fischerei von Hamburg nach Bremerhaven und *nicht* nach Cuxhaven (vgl. Wittheit 2002: 28) wurde diesem Segment allerdings ein empfindlicher Dämpfer versetzt.

Cuxhaven engagiert sich ebenso wie Bremerhaven im Bereich der erneuerbaren Energien, im Besonderen natürlich der Offshore-Windenergie. Hier liegt der Schwerpunkt allerdings mehr im Lager- und Logistikbereich als in der Forschung. Derzeit entsteht beispielsweise eine Schwerlastplattform für den Transport von Windenergieanlagen. „Es handelt sich hierbei um eines der stärksten Bauwerke an der deutschen Nordseeküste (90 t/m² Gesamtbelastung)" (http://www.afw-cuxhaven.de/content/view/52/72/lang,de/). Darüber hinaus gibt es am Stadtrand ein so genanntes „Offshore-Windenergie Testfeld". Dort befindet sich seit Dezember 2005 „die leistungsstärkste Windenergieanlage der Welt [...] in der Erprobungsphase". (www.afw-cuxhaven.de). Weitere sollen folgen.

Dass Cuxhaven immer noch Deutschlands größtes Seeheilbad und größtes Heilbad überhaupt ist, wurde schon erwähnt. Diese starke Sparte des Gesundheitstourismus versucht die Stadt mit weiteren Freizeiteinrichtungen aufzuwerten. Diese sind ebenfalls maritim ausgerichtet, daneben spielt der Nationalpark Wattenmeer eine wichtige Rolle. Cuxhaven kann den seltenen Luxus eines natürlichen Sandstrandes an der deutschen Nordseeküste vorweisen (Bremerhaven muss diesen künstlich aufschütten), was als hoher Freizeitwert erkannt und beworben wird. Das zweite touristische Standbein stellt der seeseitige Fremdenverkehr dar. Dazu gehören die Seebäderverkehre nach Helgoland und Neuwerk sowie einige Kreuzfahrtschiffabfertigungen und Ausflugsverkehre.

3. Gemeinsame Probleme und Interessen, Konkurrenz, Zusammenarbeit

Grundsätzlich herrschen in beiden Städten dieses Vergleichs ähnliche Entwicklungsbedingungen vor. Beide sind zunächst einmal Küstenstädte. Daraus ergibt sich eine erste problematische Gemeinsamkeit: die räumliche Verortung an der Küste begrenzt das Kaufkraftpotenzial, da Teile eines Hinterlandes fehlen. Darüber hinaus wirken Weser und Elbe trotz des 2004 eröffneten Wesertunnels (bei Dedesdorf, südlich Bremerhavens) für beide Städte immer noch als natürliche Barrieren und beschränken die Mobilität von Menschen und Produkten. Vor diesem Hintergrund sind daher auch die gemeinsamen Bestrebungen für den Ausbau der geplanten Autobahn A22 zu verstehen.

Ein weiteres Problem stellt für Bremerhaven wie Cuxhaven die starke Abhängigkeit von der Kaufkraft auswärtiger bzw. ausländischer Personen dar. Diese rekrutiert sich bislang zu großen Teilen aus Touristen, die Anzahl der Touristen in der eigenen Region ist dagegen begrenzt.

Die Studie des BAW vom April 2003 kommt aber grundsätzlich zu dem Schluss, Bremerhaven und Cuxhaven müssen gemeinsame Anstrengungen unternehmen, um das interne wirtschaftliche Potential der Region besser auszunutzen. Dazu gehören insbesondere der Ausbau des Einzelhandelsangebotes (hier wird besonders Bremerhaven als wichtiger Ort bezeichnet) sowie der touristischen Angebote (dies gilt vor allem für Cuxhaven) (vgl. BAW 2003:3).

Aus diesen Erkenntnissen heraus hat sich denn auch eine gewisse Art der Kooperation ergeben, zumindest „Cuxhaven strebt eine verstärkte Kommunikation und Kooperation mit [...] der Stadt Bremerhaven an" (aus dem aktuellen Leitbild der Stadt, ausführliche Informationen zum Leitbild Cuxhavens s. Kapitel 4). Zudem sind beide Städte Mitglieder im „Regionalforum Bremerhaven", eines Zusammenschlusses der Landkreise Cuxhaven, Wesermarsch und der Stadt Bremerhaven (Abbildung 7). Die Gruppe versteht sich als Arbeitsgemeinschaft, die durch eine verstärkte Zusammenarbeit die ganzheitliche Entwicklung des Gesamtraums der Beteiligten fördern und dauerhaft sichern will (vgl. www.regionalforum-bremerhaven.de). Der Gemeinschaft sind mittlerweile zwölf weitere Landkreise beigetreten. Interessant ist dabei, dass die westliche Weserseite in das Projekt mit einbezogen wird.

Die umfangreichste Kooperation erfolgt jedoch sicherlich im Rahmen des Vereins der „Metropolregion Bremen-Oldenburg im Nordwesten e.V.", in dem beide Städte kommunale Mitglieder sind. Denn Bremerhaven und Cuxhaven liegen im Gebiet dieser Region, die am 28. April 2005 von der Ministerkonferenz für Raumordnung (MKRO) als Europäische Metropolregion anerkannt wurde (Abbildung 8). Beide Städte sind stolz darauf, die definierten Funktionen einer solchen Region (Gateway-Funktion, Innovations- und Wettbewerbsfunktion sowie Entscheidungs- und Kontrollfunktion) erfüllen zu können. Dabei werden als Gateway-Beispiele die beiden Häfen sowie die zentralen Verkehrswege genannt.[32] Für Wettbewerb und Innovation werden die Universitäten, Hochschulen und Forschungsinstitute sowie herausragenden Branchen der Region genannt. Diese herausragenden Branchen und Kompetenzfelder sind demnach „Luft- und Raumfahrt, Logistik und Hafenwirtschaft, Automobilwirtschaft, Energiewirtschaft, Ernährungswirtschaft, Tourismus und Kultur" (http://www.metropolregion-bremen-oldenburg.de/), wobei Luft- und Raumfahrt, sowie Automobilwirtschaft wohl eher der Stadt Bremen zu verdanken sind, die ebenfalls Mitglied im Verein ist. Etwas ungenau ist außerdem die Angabe, „[die] demografische und wirtschaftliche Entwicklung des Nordwestens ist positiv" (ebd.), da dies jedenfalls für beide Städte nicht zutrifft. Für die Entscheidungs- und Kontrollfunktion werden schließlich die „gut funktionierende[n] Kooperationen und Netzwerke" (ebd.) genannt, die beispielsweise in der Strukturkonferenz Oldenburger Land, der Zusammenarbeit der Kammern, dem Verkehrsverbund Nieder-

---

[32] Welches angesichts der nach wie vor fehlenden A22 nicht ganz nachzuvollziehen ist.

sachsen/Bremen, den Kooperationen zwischen Universitäten und Fachhochschulen oder beim E-Government-Netzwerk "Virtuelle Region Nordwest" festzustellen seien (vgl. ebd.). Gemeinsamkeiten unter den Bildungs- und Forschungseinrichtungen strebt vor allem Cuxhaven an, auch, da die Stadt von dem größeren Angebot Bremerhavens sicherlich profitieren würde. Der Verein hat es sich jedenfalls zum Ziel gesetzt, die „Struktur und Entwicklung des gemeinsamen Kooperationsraumes" (ebd.) zu verbessern, sowie „die Profilierung der Metropolregion als nationale und europäische Wirtschaftsregion mit besonderen Potenzialen, Kompetenzen und standortspezifischen Angeboten" (ebd.) voranzutreiben. Dazu sollen die einzelnen Mitglieder vor allem noch besser vernetzt werden, um schließlich noch mehr regionale Aufgaben und Projekte gemeinsam zu bearbeiten. Welcher Art diese gemeinsamen Projekte genau sind, wird allerdings nicht explizit benannt.

Dass das Gebiet zwischen Unterweser und Unterelbe als ein gemeinsamer Interessensraum betrachtet wird, äußert sich auch in einer wirtschaftlichen Untersuchung bezüglich der Auswirkungen des Wesertunnels für die Region. Dieses Gutachten wurde von Bremerhavener und Cuxhavener Wirtschaftsverbänden, sowie dem Landkreis Cuxhaven in Auftrag gegeben und gemeinsam finanziert. Im Titel des Gutachtens wird daher auch von einem einheitlichen „Wirtschaftsraum Bremerhaven/Cuxhaven" (BAW 2003:1) gesprochen. Die Studie wurde vom Institut für Wirtschaftsforschung (BAW) durchgeführt und kommt u. a. zu folgenden Ergebnissen: Grundsätzlich bringt der Wesertunnel erhebliche wirtschaftliche Vorteile der Region, da durch die Überschreitung der natürlichen Grenze der Weser ein zusätzliches Kundenpotential aus der Wesermarsch von 94.000 Personen (vgl. ebd.: 2) erschlossen werden kann. Darüber hinaus werden große Hoffnungen in den Besuch von Tagestouristen von der westlichen Weserseite gesetzt. Die Studie spricht in diesem Zusammenhang von einem zusätzlichen Potenzial von etwa 500.000 Tagesbesuchern (vgl. ebd.: 4) pro Jahr für Bremerhaven und den Landkreis Cuxhaven. Falls die Küstenautobahn A22 realisiert würde, könnten die Besucherzahlen demnach noch weiter ansteigen.

Unabhängig von allen Kooperationsbestrebungen versuchen beide Städte jedoch auch, das Konkurrenz-Vermeidungs-Prinzip in Bezug auf wirtschaftliche Schwerpunkte anzuwenden. Denn gerade weil so viele ähnliche Produkte und Dienstleistungen angeboten werden, ist es nötig, Nischen zu erschließen, in denen sich die Städte einzeln profilieren können. Cuxhaven versucht dies beispielsweise im Bereich des Container-Umschlags. Um die Konkurrenzsituation hier zu entschärfen, konzentriert sich die Stadt zusätzlich auf den Binnenschiffscontainer-Dienst, der derzeit vorbereitet wird. Problematisch ist dabei allerdings, dass ein großer Teil der Containerschiffe bereits gleich an der Stadt vorbei bis ins 100 km entfernte Hamburg fährt, um dort abgefertigt zu werden (Eindruck aus eigenen Beobachtungen).

Des Weiteren teilen sich die Städte den Kfz-Umschlag in gewissem Maße auf: Bremerhaven ist hier vor allem für den Asien- und Amerikahandel, Cuxhaven für die „Short-Sea-Verkehre" mit Großbritannien und Skandinavien zuständig.

Auch im Tourismussektor bieten sich Möglichkeiten, die Konkurrenz um Kunden etwas abzuschwächen. So betont Cuxhaven naturgemäß den Bereich des Gesundheitstourismus stärker, verbunden mit Angeboten des Naturtourismus'. Hier kann die Stadt eigene Kompetenzen zur Geltung bringen (z. B. Wattwanderungen, Kremserfahrten durchs Watt, Ausflugsverkehre nach Helgoland und Neuwerk, Nutzung des natürlichen Strandes etc.). Bremerhaven konzentriert sich dagegen sehr stark auf den Bereich des Städte- und Eventtourismus', was sich in den bereits angesprochenen Maßnahmen der Stadtentwicklung, der Museumslandschaft, sowie regelmäßig stattfindenden Attraktionen im Stadtgebiet niederschlägt. Eine solche ist zum Beispiel die „Sail Bremerhaven", ein internationales Treffen für Windjammer-Segelschiffe, das fünfjährlich stattfindet. Zur letzten „Sail" im Jahr 2005 kamen mehr als 1,7 Millionen Besucher in die Stadt. Aufgrund dieses Erfolges findet zwischen den Ereignissen mittlerweile die so genannte „Lütte Sail" statt (vgl. www.bremerhaven.de), die nächste 2008.

Wie die Beispiele zeigen, ist es für Bremerhaven und Cuxhaven immer eine Gratwanderung, zwischen der Betonung und Vermarktung eigener Stärken, und der Erkenntnis, dass eine rigorose Konkurrenzschlacht beiden Städten schaden würde, zu entscheiden. Diese Entscheidungen müssen für jeden Einzelfall wohlüberlegt getroffen werden.

4. Perspektiven und Zukunftsstrategien

Vergleicht man die Schlagwörter der Internetauftritte beider Städte, so wird zunächst deutlich, dass sie in jedem Fall an traditionelle Kompetenzen anknüpfen wollen. An der maritimen Gesamtausrichtung halten also beide Städte fest. Daher stellt für beide Städte der unmittelbare Zugang zur seeschifftiefen Nordsee auch den größten Trumpf dar, der durch leistungsfähige Verbindungen ins Hinterland noch weiter ergänzt werden soll. Allerdings verschieben sich die Gewichtungen teils erheblich. Weiterhin ist allen Beteiligten klar, dass die oben angesprochene Diversifizierung der wirtschaftlichen Schwerpunkte unabdingbar ist, um konjunkturelle Schwankungen besser verkraften zu können.

Bremerhaven gibt sich selbstbewusst und strebt „die Bildung einer „Leuchtturmregion Bremerhaven" (BAW 2006: 2). Um diese Rolle entsprechend erfüllen zu können, wurde bereits im Jahr 2003 vom Magistrat der Stadt Bremerhaven, zusammen mit dem bremischen Senat ein „Strukturentwicklungskonzept Bremerhaven 2020" (ebd.: 1) vorgelegt. Dieses geht von der Idee aus, „Bremerhaven auf der Basis der vorhandenen Potenziale zu einem europaweit bedeutsamen maritimen Zentrum zu entwickeln" (ebd.). Das Konzept versteht sich als Gesamtprogramm und wird von den Initiatoren auch als Leitbild bezeichnet (Allerdings hat die Stadt selbst bislang kein umfassendes Leitbild vorgelegt.). Ziel ist die „Überwindung der Problemlagen Bremerhavens" (ebd.). sowie die „Steigerung der Attraktivität der Seestadt als Wirtschafts-, Wissenschafts- und Lebensstandort" (ebd.)[33]. Dieses soll durch die Einbindung aller gesellschaftlichen Gruppen und relevanten Einzelpersonen erreicht werden.

Einen hohen Stellenwert nimmt, wie mittlerweile für alle ehemaligen Industrienationen symptomatisch, der Themenkomplex Wissen, Wissenschaft, Forschung und Bildung ein. Diesen Bereich will Bremerhaven explizit stärken, beispielsweise durch die Ansiedlung und Bindung hoch qualifizierter Arbeitsplätze. Es sind auch schon kleine Erfolge zu verzeichnen, denn „obwohl seit Anfang der neunziger Jahre fast jeder fünfte Arbeitsplatz in Bremerhaven verloren gegangen ist, gab es seit 1998 für die Hochschul- und Universitätsabsolventen sogar Beschäftigungszuwächse von fast 40 Prozent" (http://www.bis-bremerhaven.de/sixcms/media.php/748/BIS_aktuell_07.8_net.pdf). Momentan arbeiten etwa 1.000 Beschäftigte im Bremerhavener Wissenschaftssektor.

Zum Bereich Forschung und Wissenschaft gehört auch das oben bereits kurz erwähnte AWI (vgl. S. 13) als „eines der größten und renommiertesten marinen Forschungszentren in Deutschland und zugleich einer der größten Arbeitgeber in der Seestadt" (http://www.bis-bremerhaven.de/sixcms/media.php/748/BIS_aktuell_07.8_net.pdf), (Abbildung 9). Das Ziel ist nun, die technische Ausrichtung des Instituts weiter zu schärfen und die wissenschaftliche Qualität der durchgeführten Programme zu erhöhen (vgl. Wittheit 2002: 24). Die Voraussetzungen dafür sind gut, denn das AWI verfügt schon heute über eine sehr gute technische Ausstattung und mit dem Forschungsschiff „POLARSTERN" den bislang modernsten Forschungseisbrecher der Welt.

Von der Bremerhavener IHK wird darüber hinaus empfohlen, sich stärker im Bereich der nachwachsenden Rohstoffe zu engagieren und hier weitere Unternehmen an die Stadt zu binden. Ein zusätzlicher Vorteil ergäbe sich demnach auch durch eine gemeinsame Strategie mit den umliegenden Landkreisen im Bereich der Flächen beanspruchenden Produktion von Biodiesel, Bioethanol etc. Hiervon könnte auch Cuxhaven profitieren (vgl. www.bremerhaven.ihk.de).

Schließlich darf auch das schon mehrfach angesprochene Tourismusprojekt „Havenwelten" als Perspektive nicht unerwähnt bleiben. Dieses befindet sich ja gegenwärtig bereits in der Endphase und wird von den Initiatoren als zukunftsweisendes Städtebauprojekt beschrieben,

---

[33] Die Studie zitiert hier aus dem Konzept selbst (Freie Hansestadt Bremen (Hrsg.) (2003): Strukturentwicklungskonzept Bremerhaven 2020. Bremen.).

welches als „Sinnbild für den erfolgreichen Strukturwandel [stehe]: Eine Stadt erfindet sich neu" (www.havenwelten.de).

Das kleinere Cuxhaven beantwortet die Frage nach den Zukunftsperspektiven allerdings etwas konkreter als Bremerhaven. Die Stadt kann bereits seit 2003 mit einem offiziellen „Leitbild" zur zukünftigen Entwicklung der Stadt aufwarten. Dieses trägt den Titel: „Willkommen am Wasser" und umreißt die zukünftige Ausrichtung der Stadt anhand von vier Schwerpunkten: 1. Stadt mit hoher Lebensqualität, 2. bedeutender Urlaubsort, 3. Zentrum maritimer Kompetenzen sowie 4. zukunftsorientierter Wirtschaftsstandort. Interessanterweise genau in dieser Reihenfolge, wobei dies keine offizielle Rangfolge darstellt. Das Leitbild wurde von einer großen Zahl Cuxhavener Entscheidungsträger, Politiker, aber auch Bürger ausgearbeitet und gemeinsam abgestimmt und soll dadurch einen allgemeingültigen Charakter erhalten. Im Mittelpunkt des Projektes standen die Fragen: „Was sind wir? Was können und wollen wir zukünftig sein?" (aus dem Leitbild, Einführung des damaligen Oberbürgermeisters Helmut Heyne) Es ging also auch um Identitätsfindung und Stärkung des ‚Wir-Gefühls' der Bewohner. In dieser Hinsicht wirkt Cuxhaven innovativer als der große Nachbar.

Zu den Schwerpunkten im Einzelnen: Der erste Punkt behandelt genau dieses ‚Wir-Gefühl' und stellt das Gemeinwohl über das Einzelinteresse. Das Stadtzentrum soll noch attraktiver werden und die Bewohner sollen es auch zum Verweilen nutzen. Daher wird auch ein Stadtgebiet der kurzen Wege angestrebt (Dies könnte allerdings bei der bekannten Ausdehnung Cuxhavens schwierig werden.). Die umliegende Natur soll so weit wie möglich bewahrt und das Siedlungsbild behutsam erweitert werden. Insgesamt geht es um die positive Identifikation der Cuxhavener mit ihrer Stadt.

Im zweiten Punkt geht es vor allem darum, die Gäste langfristig an die Stadt zu binden. Dies soll durch noch bessere Servicequalität zum Beispiel im Gesundheits- und Familientourismus erreicht werden. Ziel ist es, alle relevanten Akteure besser zu vernetzen und auch den Bildungssektor im Bereich Tourismus und Gesundheitswesen auszubauen. Der Status des Nordseeheilbades soll in jedem Fall erhalten bleiben.

Drittens soll der Hafen unbedingt erhalten und ausgebaut werden. Ziel ist die internationale und sichere Positionierung Cuxhavens als Hafenstadt. Dazu soll ebenfalls Fachwissen konzentriert und untereinander verknüpft werden. Außerdem sollen vermehrt langfristige internationale Fährverkehre an die Stadt gebunden werden.

Letztens wird die Notwendigkeit zur Diversifizierung der Wirtschaft im Allgemeinen betont. Daher heißen die wichtigen strategischen Ziele bessere und sichere Bildung und Ausbildung (hier wird im Übrigen auch eine Kooperation mit der Hochschule Bremerhaven angestrebt),

Unterstützung kleiner und mittlerer Unternehmen, vor allem mit guter Beratung, sowie „Weiterentwicklung bestehender Fertigungs- und Dienstleistungsangebote" (aus dem Leitbild).

Cuxhaven setzt also (im Gegensatz zu Bremerhaven) sehr auf eigene Stärken und auf ein positives Selbstbild. Denn „den Bevölkerungsrückgang abmildern und die Stadt lebenswert erhalten" (Bertelsmann-Stiftung 2006a: 1) ist ein weiteres aktuelles Ziel der Stadt.

Laut dem Institut für Arbeit und Wirtschaft (IAW) werden für Cuxhaven in Zukunft die Mittel- und Osteuropäischen Länder (MOE-Länder) an Bedeutung zunehmen. Positiv wird dabei die große Erfahrung und Kompetenz in der Fischverarbeitung erwähnt, dies wird als zukünftiger und langfristiger Standortvorteil im Wettbewerb mit den MOE-Ländern angeführt (vgl. IAW 2006: 33). Durch seine günstige Lage am nahe gelegenen Nord-Ostsee-Kanal sind die MOE-Länder auch gut erreichbar.

Entgegen der Diversifizierungsstrategie Cuxhavens ist das IAW zwar der Meinung, dass „für kleine Häfen […] eine Spezialisierungsstrategie, die Konzentration auf Nischenprodukte oder bestimmte Fahrtgebiete notwendig [sei]. Dies gelte vor allem in Bezug auf den Konkurrenten Hamburg. Allerdings wird auch hier der Ausbau der internationalen Short-Sea Verkehre, auch nach Osteuropa, begrüßt, da diese „eine gute Wettbewerbsposition auch gegenüber dem LKW auf[weisen]" (ebd.: 47).

Außerdem wird natürlich der Ausbau des Hafens zur „Offshore-Basis Cuxhaven […] als große Chance zur ökonomischen Stärkung des Wirtschaftsstandortes und der Region betrachtet" (www.afw-cuxhaven.de). Davon verspricht sich die Stadt denn auch große Potentiale. So soll ab 2009 endlich der erste deutsche Offshore-Windpark vor der Küste Borkums errichtet werden[34]. Nach eigenem Bekunden eines der Betreiber (Vattenfall) sind die Vorbereitungen dafür bereits im Gange und Cuxhaven hat gute Chancen, den Auftrag für Transport und Logistik der benötigten Komponenten des Windparks zu erhalten. Noch sind allerdings keine Verträge unterschrieben und auch hier entpuppt sich die große Stadt Bremerhaven als gefährlicher Konkurrent für Cuxhavens Offshore-Kompetenz.

Abschließend muss noch einmal die Dringlichkeit von Kooperationen erwähnt werden, die beide Städte in Zukunft weiter intensivieren müssen und werden. Ein von der Industrie- und Handelskammer Bremerhaven (IHK) in Auftrag gegebenes und im April 2007 fertig gestelltes Gutachten kommt zu dem Schluss, dass regionale Zusammenarbeit „das Gebot der Stunde"

---

[34] Der Windpark ist ein Gemeinschaftsprojekt der drei größten deutschen Energieversorger Eon, EWE und Vattenfall Europe. Dabei werden etwa 45 km vor der Küste Borkums die größten, derzeit verfügbaren Windkraftanlagen aufgestellt. Die Vormontage beginnt im Januar 2008 an Land. Aktuelle, sehr interessante Informationen zum Projekt gibt es im Internet (s. Quellenliste).

(IHK 2007: 14) sei.[35] Denn „im Zeitalter der Globalisierung und Internationalisierung haben geographische Solitäre keine Chance" (ebd.).

5. Zusammenfassung

Die Aufwärtsentwicklung, die derzeit vor allem für und von Bremerhaven teilweise großartig propagiert wird, schlägt sich bis dato nicht in ausreichend Arbeitsplätzen für die Bevölkerung nieder. Die entstehenden (und z. T. schon entstandenen) hoch qualifizierten Jobs verhelfen nur vergleichsweise wenigen Bremerhavenern zu Lohn und Brot. Die Arbeitslosenquote ist nach wie vor alarmierend hoch, besonders die der Langzeitarbeitslosen, für die offenbar auch nach den neuen Konzepten keine Plätze vorgesehen sind. Zudem sind die Flaggschiffe des neuen Hafenwelten-Ressorts noch nicht in Betrieb; die Eröffnung des Klimahauses ist erst für 2009 vorgesehen. Wie viele Arbeitsplätze dort letztlich entstehen, wird sich erst in einigen Jahren zeigen. Die gleiche Situation stellt sich in der Windenergiebranche dar, in die derzeit so große Hoffnungen gesetzt werden. Diese Entwicklung steht und fällt jedoch mit politischen Entscheidungen und damit finanzieller Förderung dieses Sektors. Solche Entscheidungen werden allerdings überwiegend nicht in Bremerhaven selbst getroffen.

An diesem Punkt setzt deshalb auch die Kritik der IHK (vgl. das Gutachten des AKW vom April 2007) an, die mit ihren Berichten zur Vorsicht mahnt und auf die aktuellen Daten und Zahlen zur Situation der Seestadt verweist.

Es gibt zwar tatsächlich innovative Ansätze, gute Ideen und vieles ist auch bereits umgesetzt. Theoretisch müsste es wenigstens Bremerhaven finanziell blendend gehen. Regelmäßig werden neue Rekordleistungen präsentiert, wie zum Beispiel der Autoumschlag von etwa 1,8 Millionen Fahrzeugen im Jahr 2006 oder die jährlich mehr als 1,2 Millionen Besucher der Stadt (vgl. http://www.bis-bremerhaven.de/sixcms/list.php?page=start). Die Auswirkungen sind indes noch nicht in vollem Umfang sichtbar. Die genaue Entwicklung kann deshalb derzeit noch nicht eindeutig abgeschätzt werden. Einen, wenn auch schwachen, Trost bietet immerhin die Prognose der IHK: „Wenn sich Bremerhaven als der maritime Standort im Lande Bremen auf seine Stärken konzentriert und die Strategie noch über viele Jahre weiterführt, öffentliche und private Investitionen projektbezogen zu kombinieren, und dazu ein aktives Marketing zur positiven Imagebildung entwickelt, dann stehen Bremerhaven bei entsprechend geduldiger Erwartungshaltung dauerhaft positive Perspektiven ins Haus" (IHK 2007: 3).

---

[35] Dieses Gutachten wurde vom „Arbeitskreis Wirtschaftsstruktur Region Bremerhaven" (AKW) mit Unterstützung des „Instituts für regionale Wirtschaftsforschung Bremen" (BAW) erstellt und ist als lohnenswerte Hintergrundlektüre sehr zu empfehlen. Es ist das einzige Gutachten, das die strukturellen Probleme der Stadt rigoros und ungeschönt benennt, gleichzeitig aber die Chancen eines Wiederaufstiegs nicht aus dem Blick verliert.

Gleiches gilt in etwa für Cuxhaven. Die Arbeitslosenzahlen sind ebenfalls höher als in der Region üblich, dazu kommt das massive Problem der Alterung in der Stadt. Hier bleiben vor allem die Wirkungen des Leitbildes in Bezug auf Familienfreundlichkeit abzuwarten, das ja erst seit etwa drei Jahren gilt. Von einer Auslastung des Überseehafens (Steubenhöft) kann derzeit keine Rede sein (heute legt durchschnittlich ein Kreuzfahrtschiff pro Monat vom Anleger ab, dies aber auch nur in den Sommermonaten), allerdings wird dem internationalen Seefahrtgeschäft auch für 2008 ein Boomjahr vorausgesagt. Allein die deutsche Containerflotte zählt mittlerweile über 1.400 Schiffe (vgl. Berliner Zeitung 2008: 11) und der Welthandel über See wird auch in diesem Jahr anhaltend hoch sein (vgl. ebd.). Inzwischen fehlen bereits „Kapitäne, Ingeneure und anderes qualifiziertes Bordpersonal" (ebd.) Cuxhaven scheint also mit seiner marinen Ausbildungsoffensive richtig zu liegen. Trotzdem bleibt abzuwarten, ob sich die positive Entwicklung des Seeverkehrs auch in der Hafenstadt Cuxhaven ablesen lassen wird.

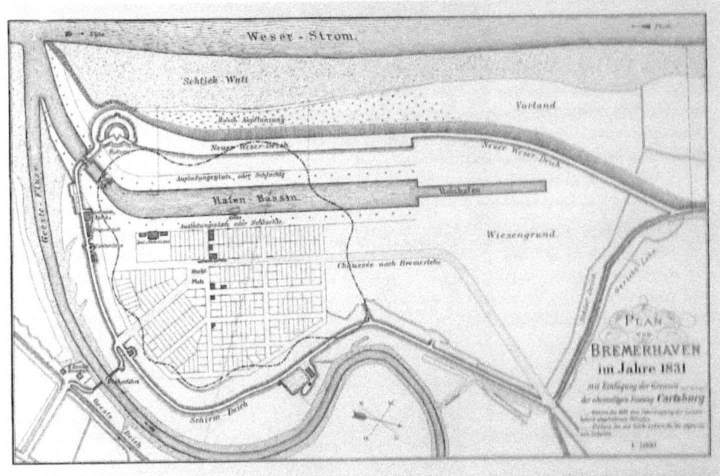

Abbildung 1: Bremerhaven vier Jahre nach seiner Gründung. Noch bezieht sich die Stadt nur auf den heutigen Alten Hafen, der in dieser Form nicht mehr besteht.   Quelle: Scheper 1977: 60

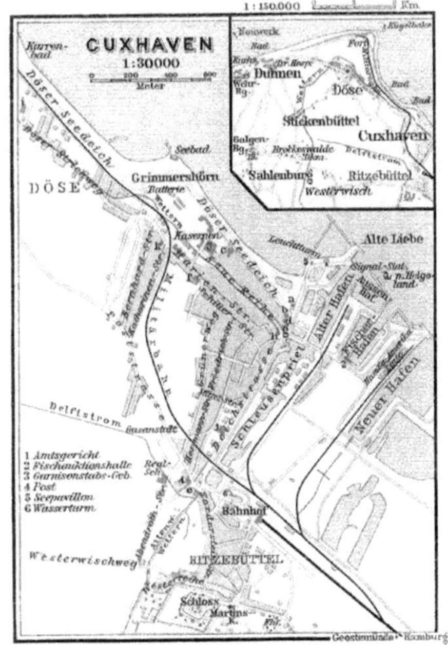

Abbildung 2: Das zu diesem Zeitpunkt schon etwa 100 Jahre alte Cuxhaven (Abbildung von 1910). Die Eisenbahnverbindung nach Hamburg besteht bereits, wichtig sind natürlich auch die Militärbahnstrecken. Aber die „Stadt" ist noch nicht mit ihren Umlandgemeinden vereinigt und konzentriert sich in einem kleinen Gebiet nördlich der Häfen, die im Wesentlichen bis heute in dieser Form Bestand haben. Sie wurden allerdings vertieft. Quelle: http://de.wikipedia.org/wiki/Bild:Map_cuxhaven_1910.jpg, 2008

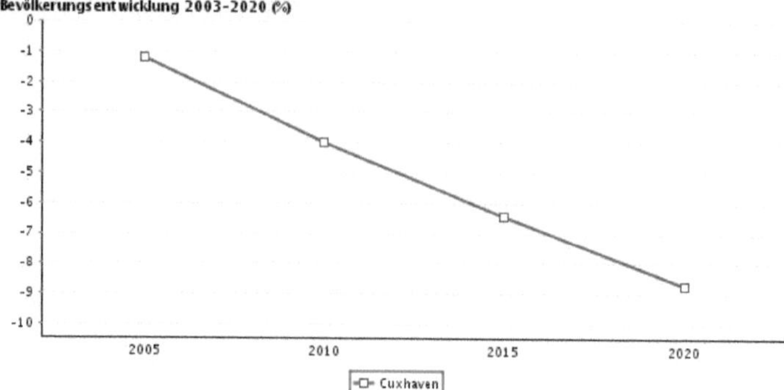

Abb. 3a

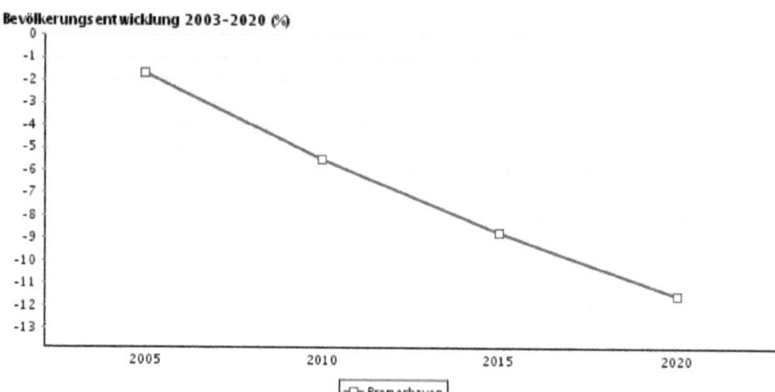

Abb. 3b

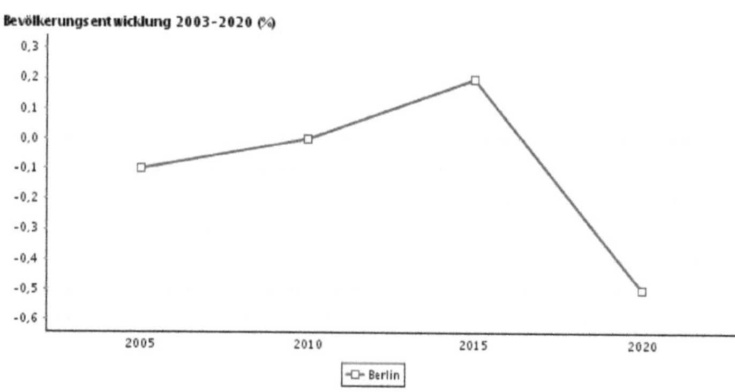

Abb. 3c

Abbildung 3a-c: Mittel- bis langfristige Bevölkerungsprognosen für Cuxhaven und Bremerhaven. Zum Vergleich die Prognose für Berlin, wo sich der Schrumpfungsprozess erst sehr viel später und in viel geringerem Maße bemerkbar macht.

Quelle: http://wegweiser-kommune.de/datenprognosen/demographiebericht/Demographiebericht.action nach Daten des Instituts für Entwicklungsplanung und Strukturforschung GmbH (ies), 2008

Abbildung 4: Computersimulation des neuen Industriegebietes Luneort im Süden Bremerhavens als neuer Logistikschwerpunkt für die Offshore-Industrie. In direkter Nachbarschaft liegt der Bremerhavener Regionalflughafen.
Quelle: http://www.bis-bremerhaven.de/sixcms/media.php/748/Windkraft_2.jpg, 2008

Abbildung 5: Das neue „Wahrzeichen" Bremerhavens, Hafenwelten kurz vor der Fertigstellung. Das Hotel „Atlantic Sail City" in Form eines aufgeblähten Segels und nach Westen Richtung ‚Neue Welt' zeigend überragt bereits die Stadtsilhouette.   Quelle: www.bremerhaven.de, 2008

Abbildung 6: Der neue Cux-Port Terminal im Süden Cuxhavens nimmt sich zwar um einiges bescheidener aus, als der Container Terminal Bremerhavens. Trotzdem wurden im städtischen Hafengebiet 2005 mehr als 43.000 Standardcontainer umgeschlagen.
Quelle: http://www.afw-cuxhaven.de/content/view/52/72/lang,de/, 2008

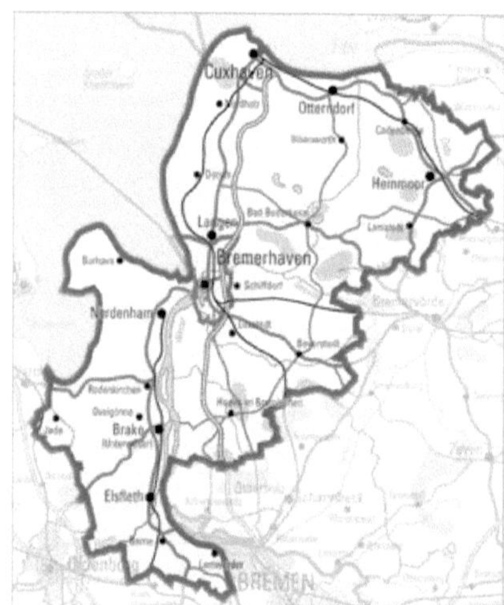

Abbildung 7: Das Gebiet des Regionalforums Bremerhaven, das versuchen will, die trennende Wirkung der Weser zu überwinden, um einen gemeinsamen Wirtschaftsraum beidseits des Stromes zu etablieren.

Quelle: http://www.regionalforum-bremerhaven.de/, 2008

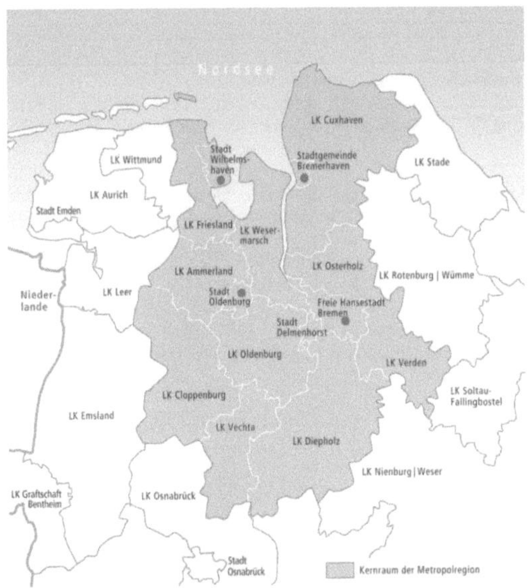

Abbildung 8: Der Kernraum der „Metropolregion Bremen-Oldenburg im Nordwesten" schließt zwar beide Städte sowie den Landkreis Cuxhaven mit ein, allerdings sind sie relativ peripher positioniert. Quelle: http://www.metropolregion-bremen-oldenburg.de/, 2008

Abbildung 9: Das Alfred-Wegener-Institut in Bremerhaven (vorn). Zusammen mit den Wohntürmen des Columbus´-Center (Hintergrund) bildet es die zentrale Bebauung der Stadt. Das Ensemble soll an eine Schiffsform erinnern. Noch sind die Wohntürme die höchsten Gebäude der Stadt, doch die Ablösung durch Europacenter und Hotel „Sail City" ist nahe.   Quelle: http://bremerhaven.know-library.net/, 2008

Literatur

- **Armgort**, Arno (1991): Bremen - Bremerhaven - New York: Geschichte der europäischen Auswanderung über die Bremischen Häfen. Bremen: Steintor.

- **Berliner Zeitung** (2008): Boom beschert Reedereien einen Personal-Engpass. Nr. 1, 02. 01. 2008, S. 11.

- **Borrmann**, Herrmann (1980): Kurzgefaßte Geschichte des Hamburgischen Amtes Ritzebüttel und der Stadt Cuxhaven. Veröffentlichungen des Archivs der Stadt Cuxhaven Nr. 6, 2. Aufl. Cuxhaven.

- **Benscheidt**, Anja/ Alfred Kube/ Anja Dörfer (2000): Die „United States" in Bremerhaven. Bilder einer Ära transatlantischer Passagierschifffahrt. Bremerhaven: Wirtschaftsverlag.

- **Kellner-Stoll**, Rita (1982): Bremerhaven 1827 - 1888. Politische, wirtschaftliche und soziale Probleme einer Stadtgründung. Veröffentlichungen des Stadtarchivs Bremerhaven Band 4, hrsg. von Burchard Scheper. Bremen: Hauschild.

- **Lüssow**, Gerhard (1936): Cuxhaven als Vorhafen von Hamburg. Beihefte zu den „Mitteilungen der Geographischen Gesellschaft zu Rostock", Nr. 4. Rostock.

- **Peters**, Dirk J./ Hartmut Bickelmann (Hrsg.) (2000): Hafenlandschaft im Wandel. Bremerhaven.

- **Röhl**, Gabriele (1995): Die Rechte Hamburgs in Cuxhaven und in der Elbmündung. Hamburger Studien zum Kulturverfassungs- und Verwaltungsrecht, Band 5, hrsg. von Ulrich Karpen. Hamburg: W. Mauke Söhne

- **Scheper**, Burchard (1977): Die Jüngere Geschichte der Stadt Bremerhaven. Hg. Vom Magistrat der Stadt Bremerhaven. Bremen: Schmalfeldt.

- **Wittheit zu Bremen,** Die (Hrsg.) (2002): Der Ozean - Lebensraum und Klimasteuerung. Weltweite Meeresforschung in Bremen und Bremerhaven. Bremen: H. M. Hauschild-Verlag GmbH

Internetquellen

- **Agentur für Wirtschaftsförderung** der Stadt und des Landkreises Cuxhaven (2007): Startseite und Unterseiten. www.afw-cuxhaven.de

- **AWI** (Alfred-Wegener-Institut für Polar- und Meeresforschung) (2007): Startseite. www.awi.de

- **BAW** Institut für regionale Wirtschaftsforschung GmbH (Hrsg.) (2003): Ökonomische Bedeutung des neuen Wesertunnels für den Wirtschaftsraum Bremerhaven/Cuxhaven und Ausblick auf eine Küstenautobahn. http://www.baw.uni-bremen.de/public/dp/8/Kurzfassung%20Wesertunnel.pdf

- **BAW** Institut für regionale Wirtschaftsforschung GmbH (Hrsg.) (2006): Leuchtturmregion Bremerhaven. http://www.bremerhaven.ihk.de/seiten/downloads/pdf/allgem/leuchtturmregion.pdf

- **Bertelsmann-Stiftung** (Hrsg.) (2006a): Cuxhaven - Demographische Entwicklung annehmen: Ganzheitlich denken - strategisch agieren. http://www.demographiekonkret.aktion2050.de/Cuxhaven.241.0.html

- **Bertelsmann-Stiftung** (Hrsg.) (2006b): Wegweiser demographischer Wandel. http://www.wegweiserdemographie.de/demowandel/datenausgabe/jsp/ausgabe/ausgabe.jsp?indikatorenwahl=3&zeitraum=2&datenbezug=1&gkz=04012000&typ=2

- **Bickelmann**, Hartmut (o.J.): Stadtgeschichte Bremerhavens. Stadtarchiv. http://www.bremerhaven.de/sixcms/detail.php?id=349

- **BIS** Bremerhavener Gesellschaft für Investitionsförderung und Stadtentwicklung mbH (2008): http://www.bis-bremerhaven.de/sixcms/media.php/748/BIS_aktuell_07.8_net.pdf und http://www.bis-bremerhaven.de/sixcms/media.php/748/broschuere_expo_real_web.pdf

- **Bremenports** Bremen und Bremerhaven (2007): http://www.bremenports.de

- **Bremerhavener Verkehrsgesellschaft** (2008): Statistik 2006.
  http://www.bremerhavenbus.de/sixcms/list.php?page=statistik

- **Bundesagentur für Arbeit**, Agenturbezirk Bremerhaven (2005): Arbeitsmarktreport. Presseinformati-
  on 51/2005 http://www.arbeitsagentur.de/Dienststellen/RD-NSB/Bremerhaven/AA/Internet-
  neu/Zahlen-Daten-Fakten/Arbeitsmartberichte/Publikation-Arbeitsmarktberichte/Arbeitsmarktbericht-
  November-2005.pdf

- **Bundesagentur für Arbeit**, Agenturbezirk Stade (2007): Der Arbeitsmarkt im November 2007. Pres-
  semitteilung Nr. 053/2007 - 29. November 2007. http://www.arbeitsagentur.de/Dienststellen/RD-
  NSB/Stade/AA/Internet-AA-STD/Presse/Presse/pdf/2007/053-2007-Arbeitsmarktbericht-November-
  2007.pdf

- **Industrie- und Handelskammer Bremerhaven** (IHK) (Hrsg.) (2007): Programm für Wirtschaftskraft
  und Arbeitsplätze in Bremerhaven. Vorschläge des AKW.
  http://www.bremerhaven.ihk.de/seiten/downloads/pdf/allgem/akw_schwerpunkte.pdf

- **Institut für Arbeit und Wirtschaft** (IAW) (Hrsg.) (2006): Entwicklungstendenzen in der Fischwirtschaft: Chancen und Risiken für den Standort Cuxhaven. Universität Bremen. http://www.iaw.uni-
  bremen.de/downloads/FB_10Fischwirtschaft.pdf

- **Niedersächsisches Landesamt für Statistik** (Hrsg.) (2007a): Basisdaten Niedersachsens.
  http://www.nls.niedersachsen.de/Tabellen/Bevoelkerung/Ranking_2007.html

- **Niedersächsisches Landesamt für Statistik** (Hrsg.) (2007b): Durchschnittliche Jahresbevölkerung der
  kreisfreien Städte und Landkreise in Niedersachsen ab 1996 - insgesamt.
  http://www.nls.niedersachsen.de/Tabellen/Bevoelkerung/Durchschnittbev_1996_2005.html

- **Offshore-Windpark "alpha ventus"**: http://www.alpha-ventus.de/index.php?id=68

- **Regionalforum Bremerhaven** (2008): Profil, Ziele und Mitglieder der Arbeitsgemeinschaft.
  http://www.regionalforum-bremerhaven.de/

- **Statistisches Landesamt Bremen** (Hrsg.) (2007a): Statistische Berichte A I 3 - j / 06: Die Bevölkerung
  nach Altersjahren, Altersgruppen und Geschlecht 2006. Bremen
  http://www.statistik.bremen.de/sixcms/media.php/13/AI3_2007_Die%20Bev%F6lkerung%20nach%20
  Altersjahren-%20gruppen%2C%20Geschlecht.pdf

- **Statistisches Landesamt Bremen** (Hrsg.) (2007b): Statistische Berichte A I 1 - m 06 / 07: Bevölke-
  rungsstand und Bevölkerungsbewegung im Juni 2007. Bremen
  http://www.statistik.bremen.de/sixcms/media.php/13/AI1_2007_06Juni_Bev%F6lkerungsstand%20und
  %20-bewegung.pdf

- **Verein der Metropolregion Bremen-Oldenburg im Nordwesten** (2008): Startseite.
  http://www.metropolregion-bremen-oldenburg.de/

(Letzter Zugriff jeweils am 6. März 2008)